著作权合同登记：图字 01-2022-4155 号

Michel Francesconi，illustrated by Capucine Mazille
A vol d'oiseau
©2011 Les Éditions du Ricochet
Simplified Chinese copyright © Shanghai 99 Culture Consulting Co., Ltd. 2015
ALL RIGHTS RESERVED

图书在版编目（CIP）数据

鸟儿们的旅行 / (法) 米夏尔·弗兰科尼著；(荷)
卡普辛·马泽尔绘；张琰译. -- 北京：人民文学出版
社, 2023
（万物的秘密. 生命）
ISBN 978-7-02-017998-5

Ⅰ. ①鸟… Ⅱ. ①米… ②卡… ③张… Ⅲ. ①鸟类 –
迁徙(动物) – 儿童读物 Ⅳ. ①Q959.708-49

中国版本图书馆CIP数据核字(2023)第083676号

责任编辑　李　娜　　杨　芹
装帧设计　汪佳诗

出版发行　人民文学出版社
社　　址　北京市朝内大街166号
邮政编码　100705

印　　制　山东新华印务有限公司
经　　销　全国新华书店等

字　　数　3千字
开　　本　850毫米×1186毫米　1/16
印　　张　2.5
版　　次　2023年6月北京第1版
印　　次　2023年6月第1次印刷

书　　号　978-7-02-017998-5
定　　价　35.00元

如有印装质量问题，请与本社图书销售中心调换。电话：010-65233595

| 万物的秘密 · 生命 |

鸟儿们的旅行

〔法〕米夏尔·弗兰科尼 著

〔荷〕卡普辛·马泽尔 绘

张琰 译

人民文学出版社

PEOPLE'S LITERATURE PUBLISHING HOUSE

从蜂鸟到鸵鸟，

鸟儿们的颜色和大小千差万别，

陆地上——更多的是在空中，

有成千上万种鸟儿。

鸟儿的名称和介绍，

可以写成好几本大部头的书。

鸟儿们的学名，

就像药物名称一样绕口：

水栖苇莺、欧石鸻 (héng)、

大苇莺、绿篱莺……

这些都是鸟类学家使用的名字！

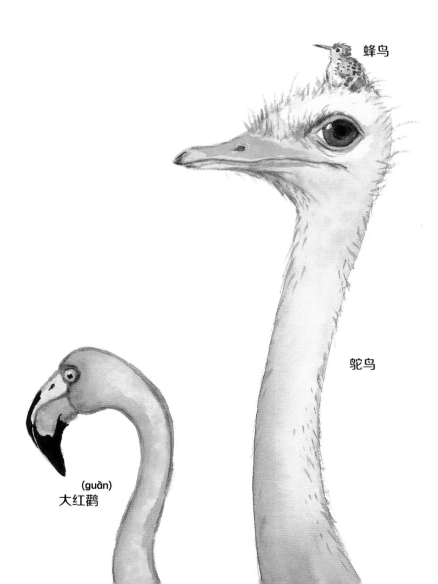

蜂鸟

鸵鸟

蓝山雀

(guàn)
大红鹳

欧石鸻

托哥巨嘴鸟

绿啄木鸟

猫头鹰

绿头鸭

水栖苇莺

(yū)
鹬鸵

大苇莺

也有一些是我们熟悉的鸟儿：乌鸫(dōng)、金雕、
燕子、知更鸟、鹦鹉、猫头鹰、鸽子、麻雀……
还有能下蛋的母鸡，我们的生活可离不开它。

金雕

乌鸫

燕子

麻雀

(xiāo)
灰林鸮

母鸡

蓝黄金刚鹦鹉

鸽子

知更鸟

Hirundo rustica

奇怪的是，有些鸟儿在这里生活了好几个月，
可是突然有一天，它们"咻"的一声飞走，不见了！
它们去了哪里？

我们曾以为鸟儿去睡觉了，在冬眠，
就像狗熊和土拨鼠一样，藏进温暖的洞里睡一觉。
我们还以为燕子躲进了花盆里过冬，
大雁飞到了月亮上！
多么富有想象力呀！

野翁鸟

渐渐地，我们发现，
在一年中某个时刻消失的鸟儿
其实根本没有冬眠，
而是飞到了某个地方，
过一段时间又会回来。

有人想了个好主意。
捉住几只小鸟，
给它们套上脚环，
就可以了解它们飞行的轨迹。

鹳

我们就这样开始研究鸟类的迁徙。

如今，我们可以使用雷达和卫星来追踪鸟类，

还给一些鸟儿装上了GPS信号发射器！

不过，并非所有鸟儿都会迁徙，
我们也不知道其中的真正原因。
不迁徙的鸟是留鸟，
它们一生都待在一个地方。
另一些鸟是候鸟，
它们周期性地从一个地方飞到另一个地方。
动物们的生活可真是不一样！

无论如何，候鸟总会
在每年的同一时间迁徙。
在所有鸟类中，候鸟占了三分之一。
这可不是小数目！

蓝山雀

沼泽山雀

大雁

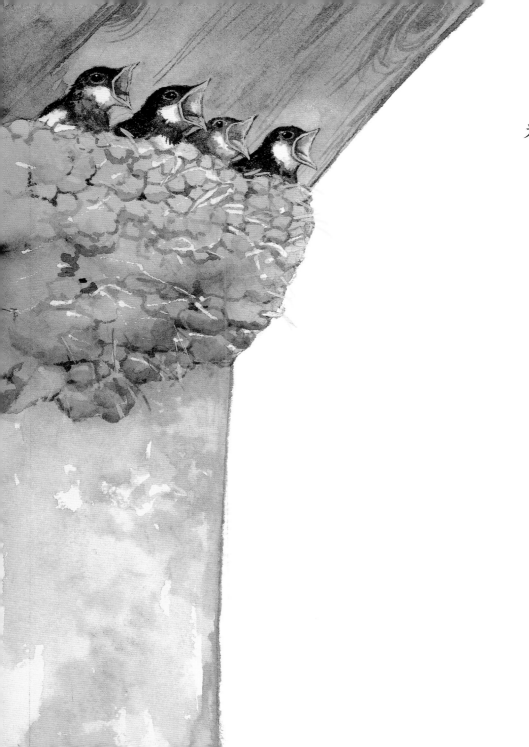

为了找到更适宜的气候和更丰富的食物，
鸟儿们飞到了别处。
鸟类迁徙还有一个原因，
那就是为了筑巢：
它们在一个地方繁殖后代，
在另一个地方栖息生活。

燕子

三四月，

燕子飞到欧洲，

在此筑巢，孵化雏鸟。

九十月，它们飞去非洲，

在温暖的阳光下过冬。

(huán)
鹮

绿头鸭

夜莺

鹃头蜂鹰

八月底，夜莺悄悄地离巢。

它们从欧洲和亚洲出发，

飞往赤道地区，直到来年四月才会返回。

对于这些飞得并不高的小鸟，这是一次多么伟大的旅程啊！

野鸭、猛禽和其他一些鸟类，

飞到北半球繁殖后代，飞到南半球度过冬天。

在天空中，它们常常沿着人类看不见的固定路线飞行，

我们称之为"迁徙走廊"。

鸟儿何时飞走呢?

迁徙是鸟类的一种本能,

它们能够感觉到白昼变短,食物越来越少,冬天来临了,

这些都是出发的信号。

燕鸥

体内的脂肪为长途飞行做好了准备。

看哪！它们张开了翅膀！

飞行前，鸟儿们换上了新的羽毛。

它们叽叽喳喳，聚集在一起。

(liáng)
椋鸟

快看这些椋鸟，

它们"啾啾"叫着，在空中成群结队地盘旋！

鸟类迁徙前会处于兴奋状态，这种现象叫作"迁徙兴奋"。

或许是气温的骤变，

启程之日突然到来了。

这一天，鸟儿们振翅高飞，

我们能看到它们排着整齐的队伍在空中飞行。

海鸥在空中排成"一"字形，野鸭也会这样。

鹤、大雁、鹈鹕和天鹅则排成"V"字形。

鸟儿们不仅聚在一起，还排成了整齐的队伍。

旅途中，会有一些鸟儿轮流飞在队首，带领同伴们。

灰鹤

斑头雁

鸟儿们飞呀飞，飞呀飞，

有的在低空飞行，不停地拍动翅膀；

有的像滑翔机一样，

利用上升的气流。

有时，鸟儿飞得很高，

能够越过喜马拉雅山这样连绵的山脉。

人们曾在9000米海拔的高空看到飞行的大雁！

帝企鹅迈着步子在地面迁徙，它们排成长队，
在极地的冰面上走过120千米的路程。
然而有一些企鹅和鸭科动物通过游泳迁徙，
这是一种更简单的迁徙方式。

帝企鹅

一年中，北极燕鸥需要在地球两极之间，
飞越35000千米的距离！
还有一种鸟叫作小滨鹬，
能从北极冻土的深处，
一直飞到南非！

北极燕鸥

在迁徙的过程中，鸟儿会有或长或短的停歇，
歇歇脚，吃个饱，才能恢复体力。
不过，斑尾塍 (chéng) 鹬一次就能飞越太平洋：
它们毫不停歇地飞越11000千米，不知要拍打多少次翅膀！
抵达目的地时，它们会消耗掉一半的体重！

斑尾塍鹬

灰鹅

鸟儿们如何在旅程中辨别方向？
它们怎样一下子找到
自己从未去过的地方？
候鸟的嗅觉十分灵敏，
可以帮助它们辨别方向。

夜晚，鸟儿们可能会
借助星星来导航。
也许它们还能感知到
人类无法感知的东西，
比如，地球周围分布的磁场。

那些没有父母带领的小杜鹃^①
又该如何导航呢？
雏鸟可以自行学习，不需要父母来教！

---

①有些杜鹃是寄生鸟，一出生就没有父母。

反嘴鹬

不过，并非所有鸟儿最终都能抵达目的地。
飞行途中充满了危险！

一些鸟儿会在路途中因饥饿或疲惫死去，
一些鸟儿会被狂风吹得迷失方向，
还有一些会变成猎人袋中的猎物，
甚至成为捕食者——比如燕隼——口中的食物。
燕隼的飞行速度极快，
它是唯一可以捉住雨燕的鸟类。

(sǔn)
燕隼

雨燕

燕鸥

锡嘴雀

黑头鸥

鹰

短耳鸮

黄喉蜂虎

(tí hú)
鹈鹕

斑鸠

绿头鸭

天鹅

滨鹬

戴胜

燕子

苍鹭

佛法僧

红领绿鹦鹉

野翁鸟

雨燕

杜鹃

蓝黄金刚鹦鹉

大红鹳

翘鼻麻鸭

无论什么都不能阻挡候鸟在特定的时刻振翅飞翔。

同样，无论什么也不能阻挡人类

不断地探索、了解、研究地球家园

——与鸟儿共同生活的家园！

鸟儿们的迁徙

鸟儿种类繁多，几乎与鱼类数量相当，远远多于哺乳动物的种类。研究鸟类并以此为职业的人被称为鸟类学家。不过，人人都可以出于乐趣或爱好而观察鸟类。业余爱好者也可以为鸟类学家提供宝贵的经验。

鸟类中大约有三分之一是候鸟。它们会周期性地离开繁殖的地方，飞往世界上的其他地方，而且两地之间往往很遥远；相反，那些不随季节迁徙的鸟是留鸟。候鸟繁殖后代的地方叫作"繁殖地"，而它们过冬的地方叫作"越冬地"。

候鸟迁徙的确切原因尚不明确，可能和气候变化有关，也可能是为了躲避严寒或者寻找食物。这些原因都没有错，但也不全对。我们发现，鸟类的迁徙行为也受到自身体内某些激素的影响。曾经有人将一只候鸟养在笼子里，刚入秋时，它变得躁动不安；只有当那些自由生活的候鸟同伴到达越冬地之后，它才恢复了平静。这只鸟儿似乎在体内经历了一次迁徙，即使它的外部环境并没有发生改变。

在欧洲，鸟类的春季迁徙（返回繁殖地的迁徙）最早开始于二月，结束于六月；鸟的种类不同，具体的迁徙时间也有差别。六月底，欧洲的鸟类秋季迁徙（飞往越冬地的迁徙）便开始了，具体的启程日期主要取决于迁徙的距离。

一些鸟儿只需从一片海岸出发，飞越地中海到达对岸。另一些鸟儿可能需要从斯堪的纳维亚半岛飞到南非，甚至穿越整个太平洋。

鸟类研究的难点在于，需要破解鸟类如何辨别方向。鸟类能够导航，但它们没有真正学习过这项技能。一些雏鸟无须父母带领，就能独自完成首次迁徙飞行，仿佛路线图早已刻在了它们的脑海中。具体而言，视觉、磁场感应甚至嗅觉都可以帮助鸟类辨别方向。为了研究这些复杂多样的迁徙现象，现如今我们可以借助一些技术手段，比如雷达、卫星观测和GPS电子芯片。不过，过去使用的脚环至今依然在发挥巨大的作用。

一些鸟类学家认为，一部分鸟儿正在改变自身的迁徙周期，比如椋鸟。其他一些鸟儿，比如黑顶林莺，正在减少迁徙甚至不再迁徙。这可能是气候变化的一个重要迹象。另外，我们还注意到，由于农业耕种发生变化、迁徙的歇脚地遭到破坏以及湿地逐渐干涸，候鸟的数量已大幅减少。除此之外，城市夜晚的强烈灯光会使候鸟迷失方向，这也给它们带来了危险。这些表明人类活动对鸟类的迁徙造成了很大的影响，而且通常是消极的影响。为了更好地了解鸟类的迁徙以及分析迁徙的变化，我们还需要进行很多研究，而这些研究也可以让我们了解地球上生物的总体生存状态。